我不知道有些虫子晚上会发光

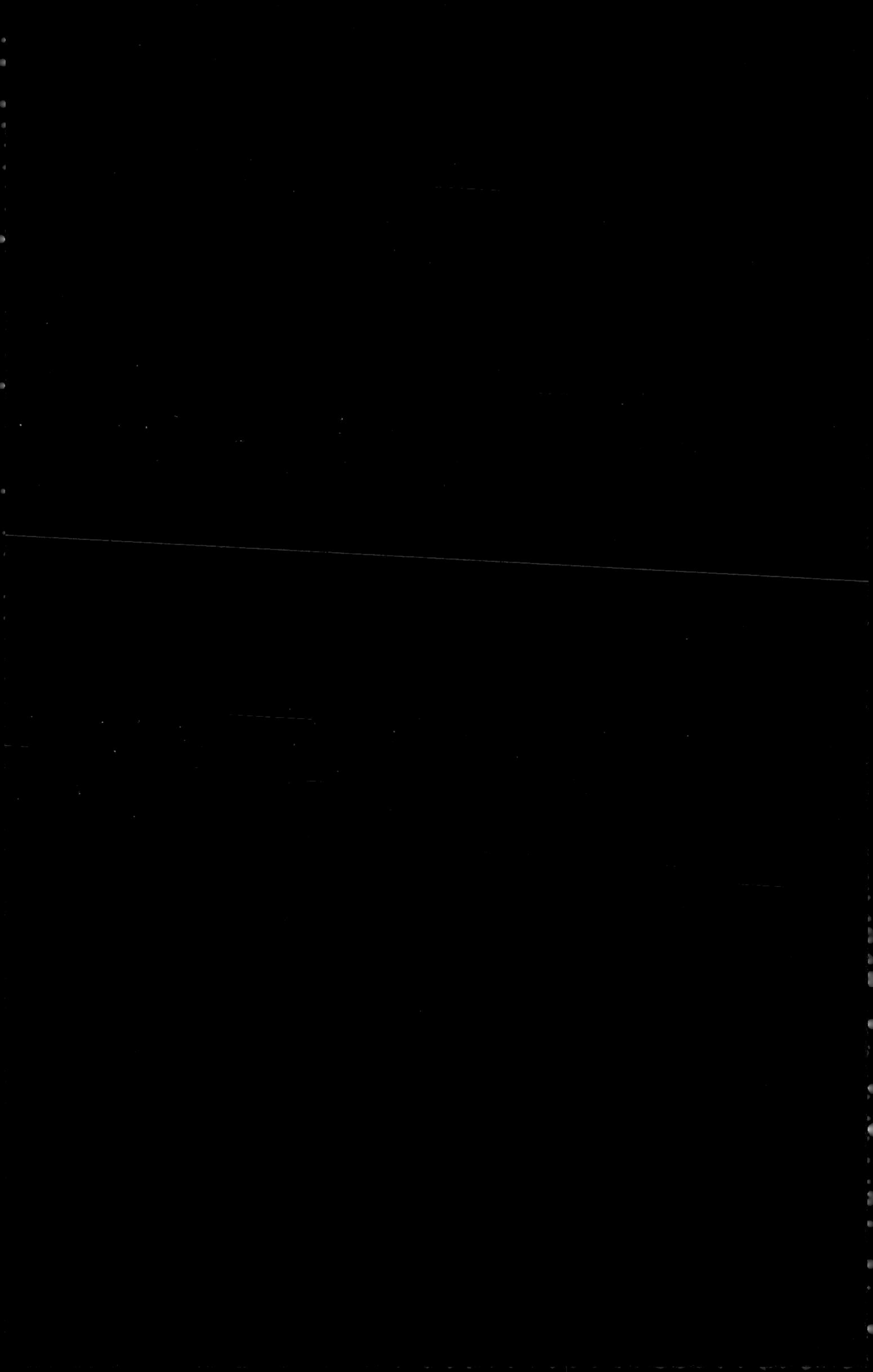

我不知道系列：动物才能真特别

I didn't know that some bugs glow in the dark

我不知道

有些虫子晚上会发光

[英]凯特·贝蒂◎著 [英]麦克·泰勒◎著 沈广湫◎译

H.P.H 哈尔滨出版社
HARBIN PUBLISHING HOUSE

我不知道

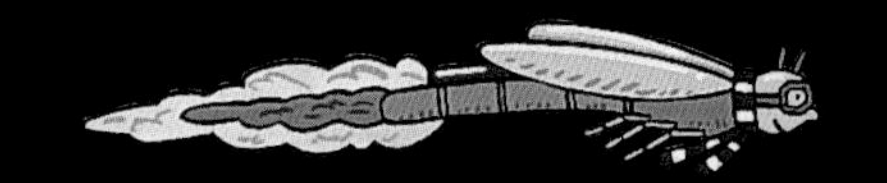

前言

你知道吗？要看看白蚁的家，只有用炸药才能打开；竹节虫能长到猫咪那么长；有些胡蜂会把卵产到小泥罐里……

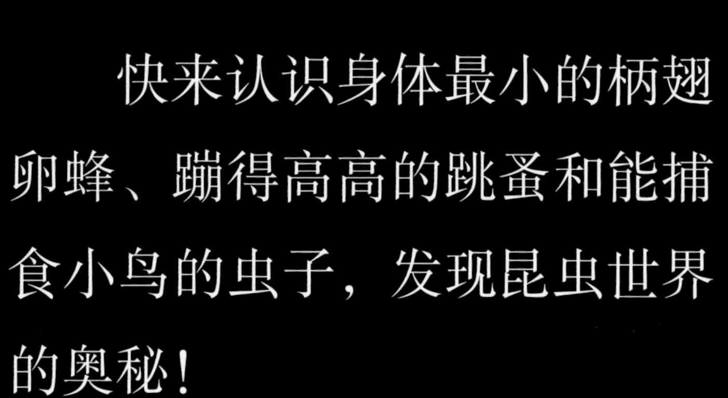

快来认识身体最小的柄翅卵蜂、蹦得高高的跳蚤和能捕食小鸟的虫子，发现昆虫世界的奥秘！

注意这个图标，它表明页面上有个好玩的小游戏，快来一试身手！

真的还是假的？看到这个图标，表明要做判断题喽！记得先回答再看答案。

别忘了读一读页边上的妙妙昆虫小百科！

我不知道

昆虫都有6条腿。甲虫、蚂蚁和其他所有的昆虫都有3对足。识别昆虫的一个好办法就是数一数它们有多少条腿。潮虫、蜘蛛、螨虫和蜈蚣都不是昆虫——因为它们的腿太多啦！

巨大花潜金龟

昆虫的身体分为3个部分：头部、胸部和腹部。昆虫坚韧的外壳不但能防水，还能保护它柔软的内脏。

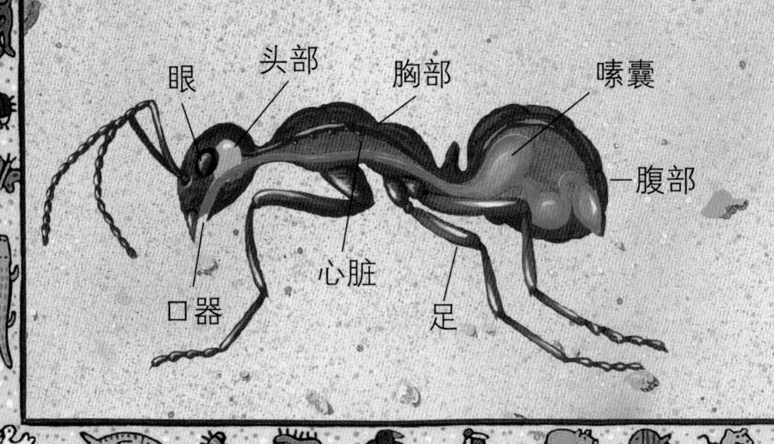

！最早的昆虫出现在3.7亿年前，甚至比恐龙还要久远！

坏消息：世界上约有28万种胡蜂、蜜蜂和蚂蚁。

找一找

你能找到1只昆虫和3只假冒的昆虫吗？

研究昆虫的科学家叫作昆虫学家。他们研究昆虫的活动场所、生活习性以及如何保护昆虫。

蜈蚣

食鸟蛛

世界上有100多万种昆虫，数量超过其他动物种类的总和！另外，昆虫学家每年都会发现8000多种未知昆虫。

! 蜻蜓是短飞高手。它们的短距离冲刺速度超过 48.3 千米 / 小时。

真的还是假的?

苍蝇只有 1 对翅膀。

答案：**真的**

长有 1 对翅膀的蝇类属于双翅目，例如家蝇。蜻蜓和蝼蛄有 2 对翅膀，所以不属于双翅目。甲虫有 1 对翅膀，但是它们的鞘翅要算作第 2 对翅膀，所以甲虫也不属于双翅目。

甲虫

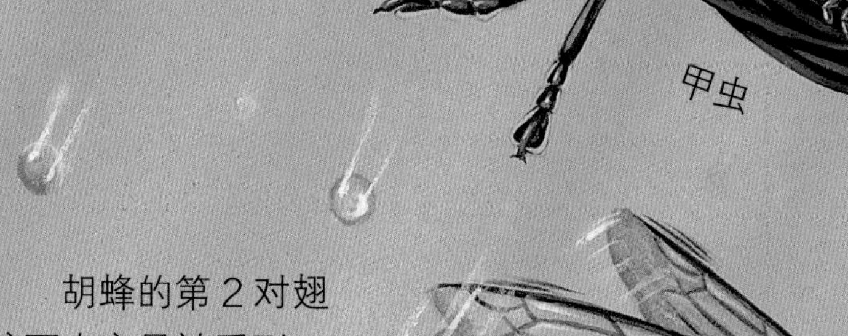

胡蜂的第 2 对翅膀不太容易被看到。

反吐丽蝇

找一找

你能找到 5 只双翅目蝇类吗?

胡蜂

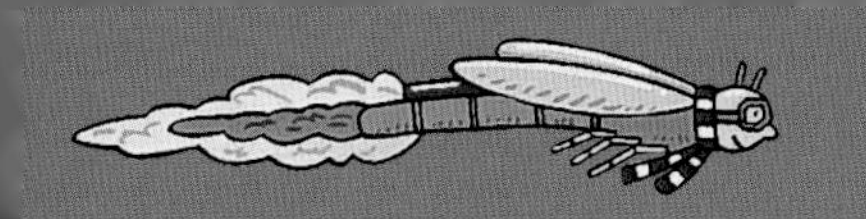

我不知道

甲虫也会飞。必要的时候，瓢虫以及许多甲虫都能飞。它们打开背上的鞘翅，展开柔软的后翅，然后起飞！

热带暴雨中飞行的昆虫并不会被雨点砸到。雨滴下落时产生的微气流将昆虫吹到一旁，所以昆虫能在雨滴间穿行。

蝴蝶的翅膀上布满了鳞片，如一排排整齐排列的房屋瓦片。每一片鳞片就像一粒微小的灰尘。

! 有些蝇类每秒能振动 1000 次翅膀——苍蝇的嗡嗡声就是这样产生的。

我不知道

毛虫是蝴蝶宝宝。与许多昆虫一样，蝴蝶在生长过程中的形态会完全改变——从卵变成毛虫，再变成蛹，最终变成蝴蝶。这种发育过程叫作“变态发育”。变态发育又分为完全变态发育和不完全变态发育。

作家弗兰茨·卡夫卡写过一本书，名为《变形记》。书中讲了一个人变成巨型昆虫的故事。

找一找

你能找到9条毛虫吗?

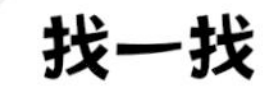

有些昆虫发育时为不完全变态发育。椿象宝宝孵出时就和爸爸妈妈长得很像。随着体形渐渐变大，它们最后长出翅膀。

蜉蝣一生中大部分时间都是无翅的幼虫。一旦变为成虫，它们便只能存活 1 天左右。

! 一些毛虫长大后会变成飞蛾，而不是蝴蝶。

我不知道

找一找

你能找到水蜗牛吗？

有些甲虫能在水面上行走。水黾很轻，它们能掠过池塘水面，而不沉入水中。它们细细的腿上长着密密的刚毛，能帮它们浮在水面上。

水黾

水蚕

蝌蚪

蜻蜓的幼虫（稚虫）生活在水里，被称为水蚕。它们会捕食比自己大的小鱼和蝌蚪。

！ 划蝽仰浮在水面上，划水前进。

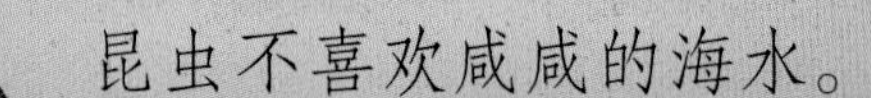

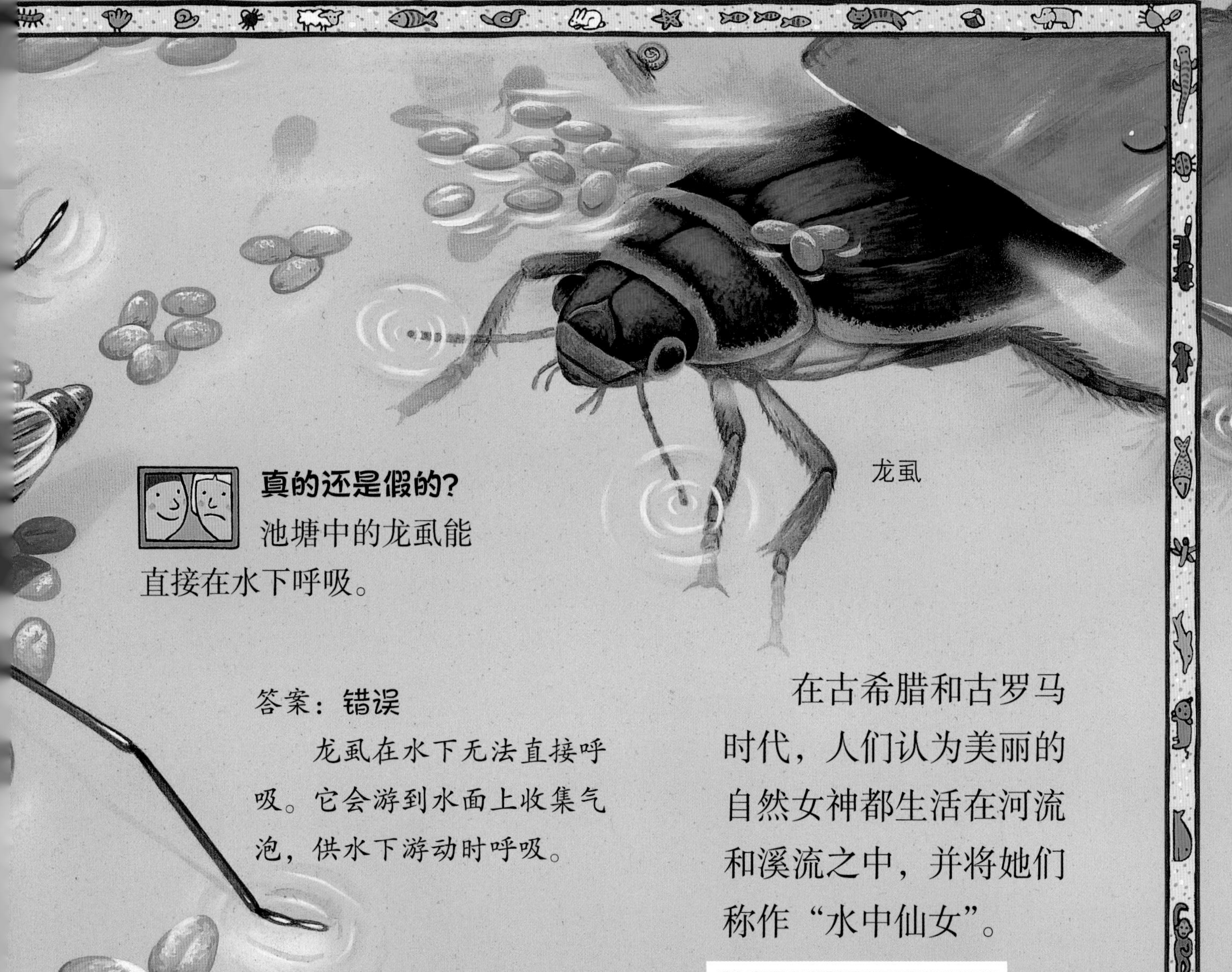

真的还是假的？

池塘中的龙虱能直接在水下呼吸。

答案：**错误**

龙虱在水下无法直接呼吸。它会游到水面上收集气泡，供水下游动时呼吸。

在古希腊和古罗马时代，人们认为美丽的自然女神都生活在河流和溪流之中，并将她们称作“水中仙女”。

我不知道

白蚁丘自带“空调系统”。白蚁建造出高高的泥塔，里面住着几百万只白蚁。每座泥塔顶端都有通气孔，可以排出热空气，使蚁穴保持凉爽。

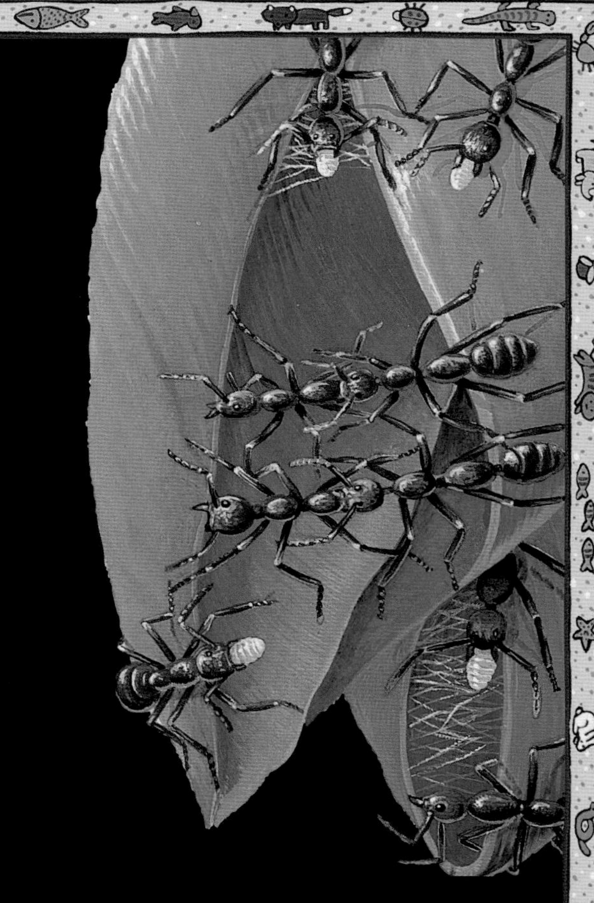

热带的织工蚁用树叶搭建巢穴。一些工蚁拉着叶子保持不动，其他工蚁把幼蚁叼过来，幼蚁吐出带有黏性的丝，工蚁用这种丝把叶子边缘“缝合”到一起。

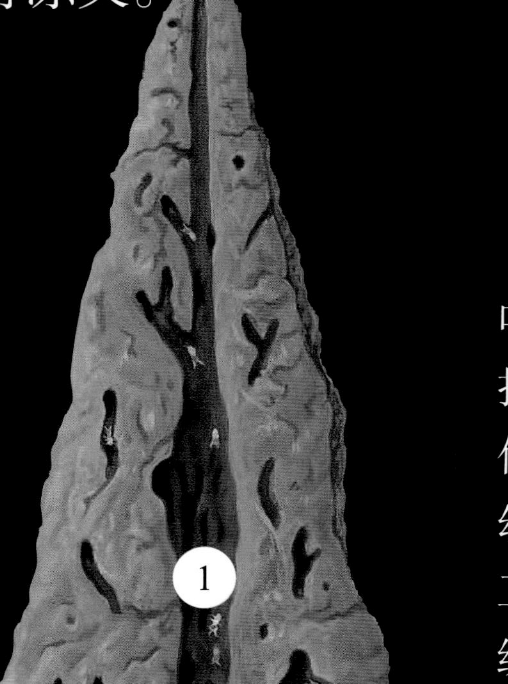

找一找

你能找到蚁后吗？

只有炸药才能炸开坚硬的白蚁丘。

真的还是假的？

有些昆虫住在树上的“帐篷”里。

答案：**真的**

有些毛虫会将吐出的丝织成大大的帐篷，搭在它们栖息的树枝上，然后安安心心地待在里面。

集群生活的昆虫被称为社会性昆虫。蚂蚁、白蚁、蜜蜂和胡蜂都属于社会性昆虫，以社群为单位生活在一起。对于它们而言，这是最佳的生存方式。

白蚁将沙子和自己的排泄物混合在一起，制造出天然的混凝土。

在古埃及，人们认为蜣螂（圣甲虫）是太阳神的化身，是它每天推动太阳滚过天空。

我不知道

有的胡蜂会“陶艺”。雌性蜾蠃会建造很小的泥罐形蜂巢，在每个巢中产一枚卵。封口之前，雌蜂会塞进一只甲虫幼虫——供幼蜂孵出后享用。

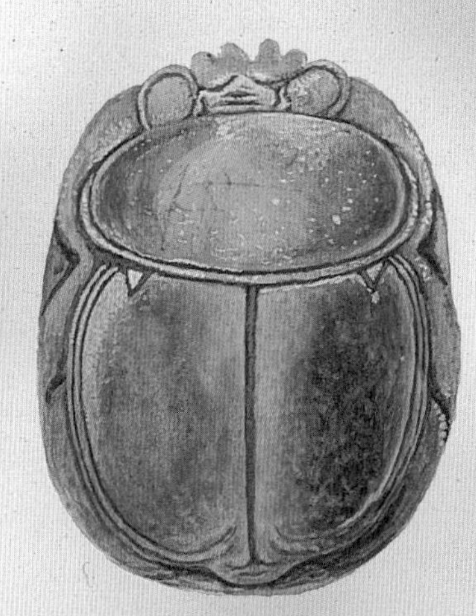
古埃及时期的蜣螂胸针

! 多数昆虫不筑巢，它们只是把卵产在食物的旁边。

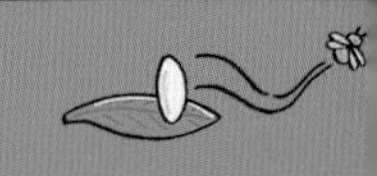

真的还是假的？

昆虫不是称职的父母，它们从不照顾自己的后代。

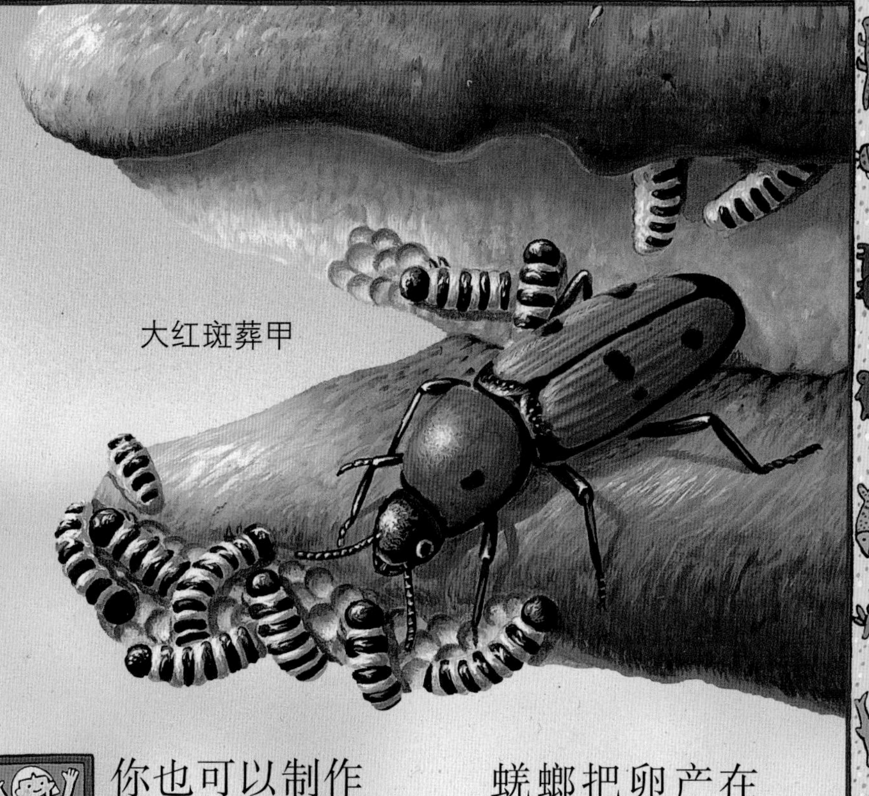

答案：假的

雌性大红斑葬甲会一直保护和清洁自己的卵。在幼虫孵出后的2周内，它们仍会照顾幼虫进食。

你也可以制作一个蜂巢形陶罐。将湿润的陶土搓成泥条，弯成圈后叠成罐子的形状（可以试一试左边图里的造型），别忘了在上面做一个罐口哦。将罐子表面抹平后，放到一边晾干就可以了。

蜣螂把卵产在粪球中——粪球是蜣螂幼虫最喜欢的食物。蜣螂将地面上的粪便滚成一个个粪球。

真的还是假的?
蜜蜂能用腿品尝食物。

答案：**真的**

蜜蜂既用口也用腿品尝食物。一落到食物表面上，它们便能品尝食物了。家蝇也有这个本领。

蝴蝶用长长的口器吸食花蜜。不进食的时候，口器会被卷起来收好。

! 蟑螂什么都吃，肉、面包、水果，甚至连纸板都不放过。

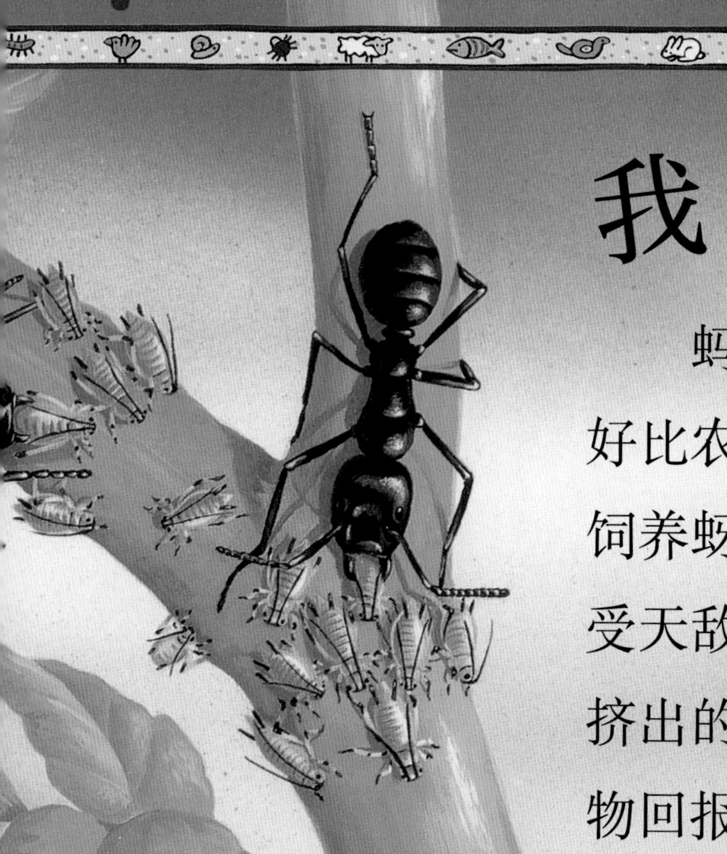

我不知道

蚂蚁是干“农活”的能手。好比农夫饲养奶牛，有些蚂蚁也饲养蚜虫。它们一边保护蚜虫不受天敌袭击，一边获得蚜虫体内挤出的“奶”——蜜露，作为食物回报。

想要研究飞蛾的话，你可以在晚上打开窗户，然后打开灯，在灯下放一碟糖水，飞蛾就会被吸引过来啦！

找一找

你能找到下图的熊蜂吗？

我不知道

有些昆虫会捕食蜥蜴。螳螂是凶悍的猎手，如果被它镰刀状的前肢夹住，猎物根本无法逃脱。大多数螳螂以其他昆虫为食，但有些螳螂还会捕食蜥蜴和青蛙。

! 雌螳螂很危险，它们甚至会吃掉自己的伴侣。

锥蝽会叮咬人的面部，吸食血液。

找一找

你能找到螳螂的一顿大餐吗？

有些热带飞蛾专门吸食马或鹿咸咸的眼泪。飞蛾在这些动物的眼睛周围飞来飞去，刺激它们流泪！

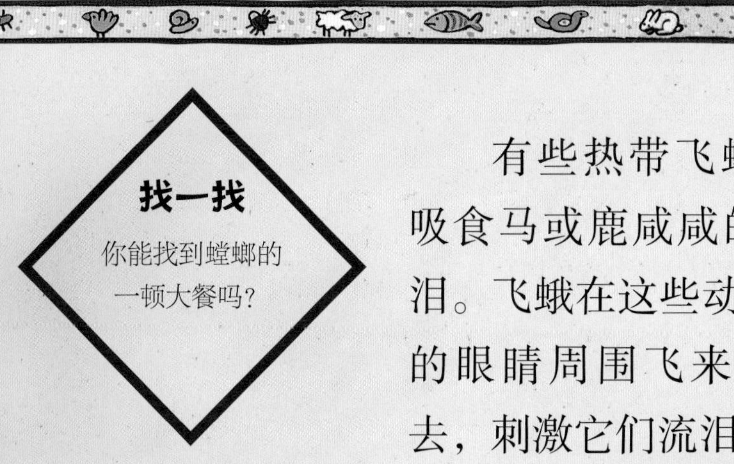

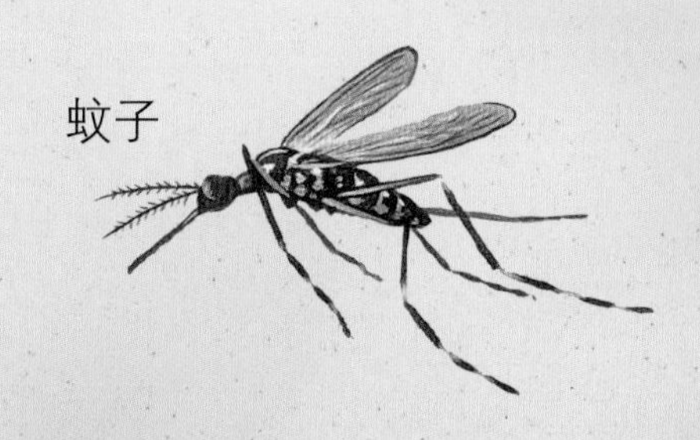

不是所有蚊子都吸血——只有雌蚊子才吸血，因为产卵需要血液。雄蚊子主要吸食花蜜。

当猎蝽捕获美味猎物后，会向猎物体内注射毒液。待猎物身体化成汁液后，猎蝽就把汁液吸干。

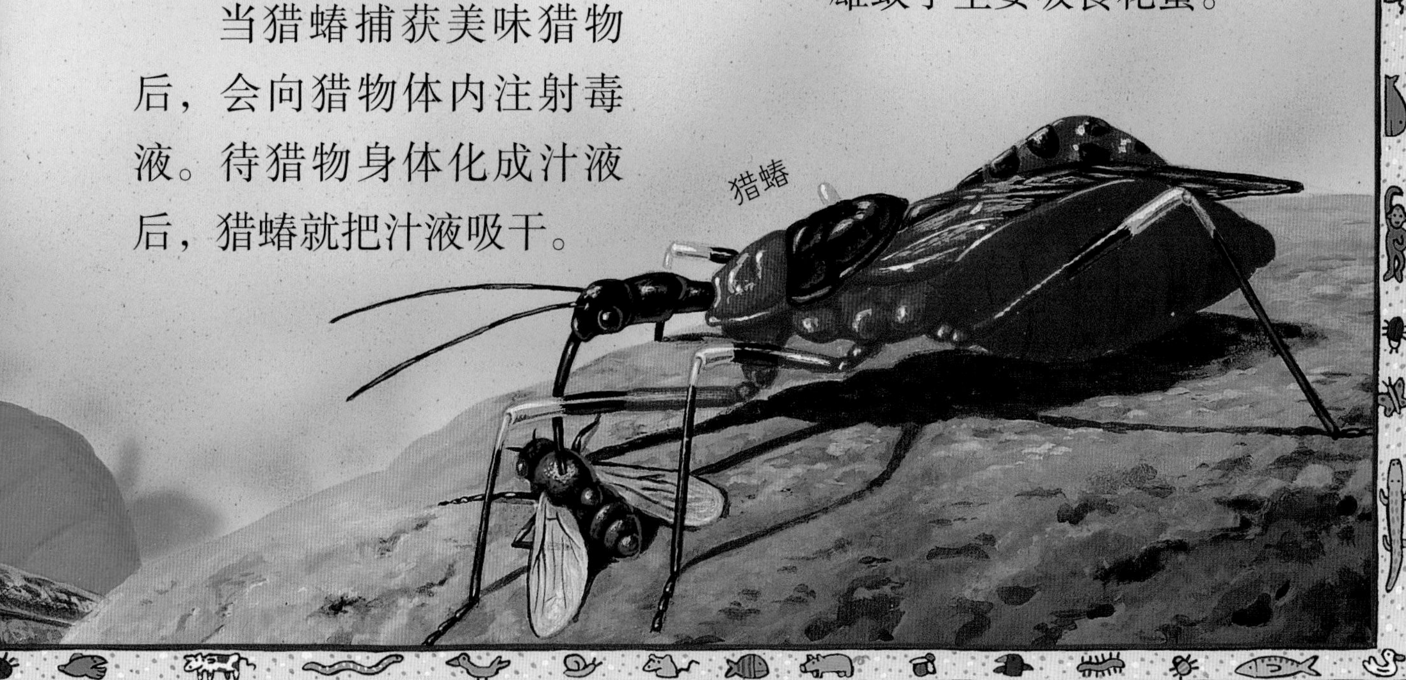

我不知道

有些“叶子”其实是昆虫。叶子虫长得很像它们爱吃的树叶。它们能与背景融为一体，很难被天敌发现。这称为伪装。

很多动物喜欢吃毛虫。不过，天蛾幼虫有聪明的办法吓走敌人——它们可以伪装成饥饿的蛇！

这些蜂兰根本不是昆虫，而是模仿昆虫的植物。它们的样子很像雌蜂，能够吸引雄蜂前来为它们授粉。

伪装不仅仅是为了保护自己。这只粉色花螳螂巧妙地藏身于兰花之中，是为了更好地伏击猎物。

趴在细枝上的角蝉很像尖锐的树刺。即便被捉住，它们也因身体太尖锐而无法被咽下！

! 很多昆虫都是绿色的，与它们喜欢的树叶颜色相近。

有些昆虫很臭！椿象是昆虫界的黄鼠狼。椿象受到惊吓时，后足间的臭腺会释放出可怕的气味，熏走敌人，效果立竿见影呢！

舞毒蛾幼虫

舞毒蛾幼虫逃生的方法是吐丝垂到树枝下，并随风飘飞而去。

椿象

找一找

你能找到 5 只小椿象吗！

尖叫甲虫会大叫一声，把敌人吓一跳！

真的还是假的？

人们可以借着萤火虫发出的光看书。

答案：**真的**

萤火虫曾经被当作阅读时的照明工具。它们至少能持续发光2个小时。

我不知道

有些虫子晚上会发光。有些雌虫在求偶时，腹部会发出闪烁的光，向雄虫发出信号。它们也被称作萤火虫。

！两只蚂蚁相遇时，常常互相碰一碰触角表示问候。

昆虫的触角并不仅仅有触觉作用。它们还是昆虫感知空气中气味的嗅觉器官——当然，也是味觉和听觉器官。

红螨不是昆虫，它有 8 条腿。

找一找

你能找到这只假冒的昆虫吗？

蚂蚁发现食物后，会沿途留下浓烈的气味。其他蚂蚁随后寻着气味赶过来，一起分享丰盛的大餐。

500 年前，鼠蚤曾是世界上最可怕的昆虫。它们传播一种可怕的疾病——黑死病，夺去了几亿人的生命。

亚历山大女皇鸟翼凤蝶展开翅膀，翼幅可达 28 厘米。怪不得这种蝴蝶常常被错认为鸟类。

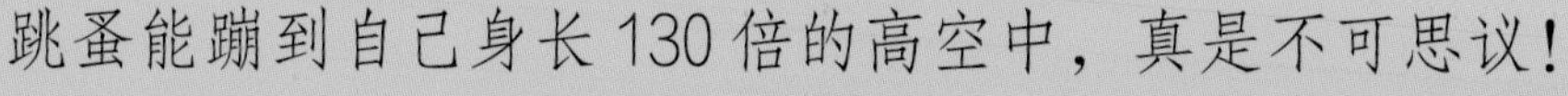

！跳蚤能蹦到自己身长 130 倍的高空中，真是不可思议！

! 巨大花潜金龟有 3 只老鼠那么重。

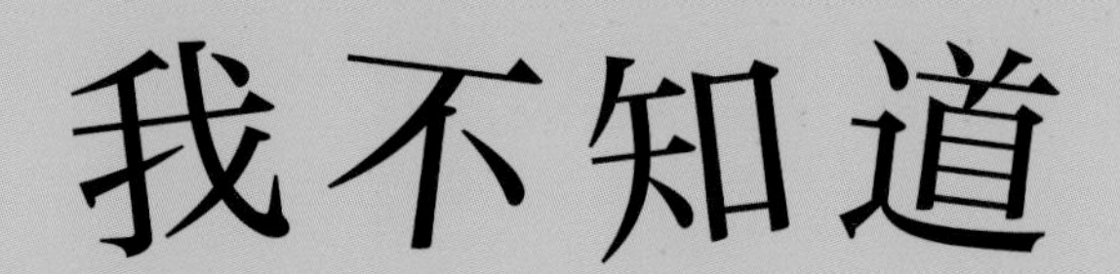

竹节虫是世界上最大的昆虫。印度尼西亚大竹节虫身长30多厘米。由于体形太大，它的行动非常缓慢。

你很难用肉眼观察到柄翅卵蜂，因为它们只有针尖那么大。

雄蝉是昆虫世界里的大嗓门，1000 米之外的雌蝉都能听见它们的嘶鸣。

找一找

你能找到 10 只柄翅卵蜂吗？

词汇表

变态发育

昆虫从幼虫变为成虫的过程。许多昆虫从幼虫变为蛹，最后完全变为成虫。

腹部

昆虫的身体分为头、胸、腹三部分。腹部是最后一个部分。

花蜜

花朵里面的香甜汁液，常常引来昆虫和其他动物。

甲虫

昆虫中的一个类别，长着硬翅鞘，多数会飞。

毛虫

某些鳞翅目昆虫的幼虫，也叫毛毛虫。

鞘翅

不能用于飞行的角质外翅。

伪装

昆虫利用身上的颜色或花纹，融入周围环境，不易被捕食者发现。